AF324569

PROJET D'ORGANISATION

DU HARAS ROYAL,

ET DES ENCOURAGEMENTS

RELATIFS

A LA PROPAGATION ET AU PERFECTIONNEMENT

DES RACES DE CHEVAUX,

AINSI QUE DES AUTRES ANIMAUX SUSCEPTIBLES DE DOMESTICITÉ,

ET DES PLANTES

QU'IL EST POSSIBLE D'ACCLIMATER EN FRANCE ;

PAR R. VIGNERON DE LA JOUSSELANDIÈRE,

ANCIEN CAPITAINE D'ARTILLERIE,

CHEVALIER DE LA LÉGION-D'HONNEUR,

MEMBRE DE LA SOCIÉTÉ ROYALE ACADÉMIQUE DE LA LOIRE-INFÉRIEURE.

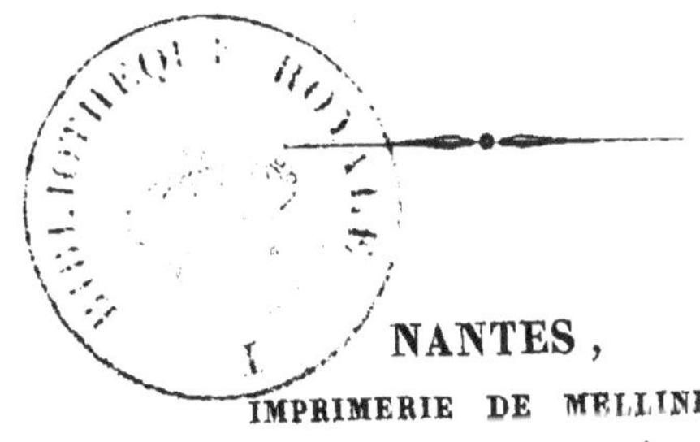

NANTES,

IMPRIMERIE DE MELLINET.

(C.)

PROJET D'ORGANISATION

DU HARAS ROYAL,

ET DES ENCOURAGEMENTS

RELATIFS

A LA PROPAGATION ET AU PERFECTIONNEMENT

DES RACES DE CHEVAUX,

AINSI QUE DES AUTRES ANIMAUX SUSCEPTIBLES DE DOMESTICITÉ,

ET DES PLANTES

QU'IL EST POSSIBLE D'ACCLIMATER EN FRANCE ;

PAR R. VIGNERON DE LA JOUSSELANDIÈRE,

ANCIEN CAPITAINE D'ARTILLERIE,

CHEVALIER DE LA LÉGION-D'HONNEUR,

MEMBRE DE LA SOCIÉTÉ ROYALE ACADÉMIQUE DE LA LOIRE-INFÉRIEURE.

La propagation des chevaux est si importante sous le rapport de la richesse et de la puissance des nations, que, dès les temps les plus anciens, les gouvernements cherchèrent à la favoriser. Comme Philippe de Macédoine , lors de son invasion en Scythie , ils essayèrent souvent de mettre à profit leurs conquêtes pour peupler leur territoire des belles races qu'ils avaient trouvées chez les vaincus ; et c'est ainsi , sans doute , que l'Ouest de l'Europe a dû beaucoup obtenir de ses expéditions militaires à l'époque des croisades.

Mais , lorsque tous les peuples s'occupent à l'envi de tout ce qui tient à l'économie publique , il nous sera pénible d'avouer que , relativement à la beauté, des chevaux et aux moyens d'en reproduire , la France est actuellement très en arrière de la plupart des autres pays.

Ce que l'empereur Napoléon nous procura par tant de victoires , et ses dépenses considérables pour les haras ne suffirent point à réparer les immenses pertes dues aux longues guerres de principes , où nous acquîmes tant de gloire , en passant du XVIII.ᵉ siècle à celui que nous parcourons : pertes que l'anarchie avait rendues plus désastreuses , en détruisant dans nos campagnes ce qui pouvait y remédier.

La belle race limousine était presqu'en entier disparue. La Normandie , pour ainsi dire seule , possédait encore quelques bons chevaux, quoiqu'il y restât à peine le vrai type de son excellente espèce, d'une utilité si générale , lorsqu'un génie célèbre vint tout réorganiser parmi nous. Non-seulement cette province ne produisait presque plus de chevaux , mais la guerre civile avait anéanti dans l'Anjou et le Poitou les nombreuses pépinières de beaux poulains que ses marchands achetaient dès le jeune âge, et que ses cultivateurs s'appropriaient si profitablement par des soins bien entendus, en les façonnant au travail.

Pourtant, nous avions été riches en chevaux! lors de la suppression des haras du gouvernement, en 1790, ils pullulaient en quelques parties du territoire, et les espèces y étaient sensiblement améliorées; mais le système à qui l'on devait cet avantage, disséminant beaucoup d'étalons chez les agriculteurs, différait essentiellement du mode actuel, qui excite d'unanimes et vives plaintes.

Il est vicieux sans doute, puisque nuls sacrifices pécuniaires, pendant vingt-sept années depuis le rétablissement des haras et dix-huit années de paix, n'en ont rien fait obtenir.

Les seuls résultats avantageux, pendant ce long période, ont été dus à la prohibition qui, depuis mil huit cent un, nous préserva quelque temps de la concurrence étrangère. Cette mesure, plus que nuls autres encouragements, nous fit, dans peu d'années, créer d'étonnantes ressources pour nos remontes militaires, jusqu'à ce que nos désastres de 1812 à 1815 les épuisèrent. Le commencement de la paix nous devint même fatal, en ce que les Espagnols et les Allemands profitant de nos embarras financiers et de notre accablement, se procurèrent à bas prix un grand nombre des bons chevaux qui nous restaient, et en repeuplèrent leurs contrées.

Enfin, dans un climat et sur un sol très-favorable, la France est aujourd'hui tellement dépourvue de chevaux, que, pour la moindre guerre, elle serait obligée d'en chercher à l'extérieur; et que, bien pis encore, elle en est même réduite à payer chez nos voisins la majeure partie des remontes de son armée sur le pied de paix.

Ces nombreux achats n'ont peut-être même pas le mérite de l'économie, tant les frais de route et le gain des fournisseurs en augmentent le prix, tant ils prêtent d'avantage à de frauduleux abus ! Leur moindre inconvénient est d'accorder à des rivaux les encouragements que réclament en vain nos agriculteurs ; et, par conséquent, de nuire doublement à notre industrie en dissipant nos capitaux chez l'étranger.

Nous devons le regretter plus vivement encore, s'il est vrai que nos chevaux soient d'une qualité supérieure, et que, dans l'affreuse campagne de Russie, eux seuls aient mieux résisté aux fatigues, à la disette, à l'âproté de la saison et du climat. Si nous considérons au reste que la rareté des fourrages en Espagne ne permet pas d'y élever un grand nombre de ces animaux, et que ce pays ne peut s'en approvisionner facilement que chez nous, c'est une raison de plus de nous appliquer à les multiplier, comme objets d'un commerce qui pourrait devenir considérable.

On attribue généralement notre pénurie actuelle au seul vice d'organisation de nos haras ; mais ce n'en est point la principale cause, quoiqu'il occasionne des reproches que nous croyons devoir exposer ici.

1º Le personnel d'administration trop dispendieux, par le nombre des employés et par une multitude de frais accessoires, absorbe une trop grande partie du revenu de l'établissement : comme s'il s'agissait d'enrichir quelques hommes, plutôt que de se pourvoir de chevaux.

2º La réunion des étalons en grands dépôts facilite, il est vrai, la surveillance pendant la majeure partie de

l'année ; mais cette surveillance devient nulle à l'époque
de la monte, lorsqu'elle serait plus importante. D'ailleurs
l'entretien des chevaux en est plus coûteux, surtout alors,
quoique moins bien garanti ; et les frais de déplacement,
pour répartition dans les localités , sont considérables.

3.º La confusion des races, qui provient du fréquent
changement des étalons dans chaque lieu, ne fait obtenir
que des productions dépourvues de force et de vigueur,
même d'apparence , faute d'ensemble et d'harmonie dans
leur construction.

4.º Le séjour habituel à l'écurie fait perdre à ces animaux leurs meilleures qualités , particulièrement celles de
la poitrine et des jambes , tandis que la constante nourriture au sec paraît diminuer leurs facultés de reproduction,
tellement que nos campagnards , les Vendéens surtout,
préfèrent les chevaux que des particuliers tiennent au pâturage, quoique de moindre prix, par cela seul que du moins
ils fécondent plus sûrement.

5.º La vieillesse de beaucoup d'étalons, qui ne comptent
que d'une manière illusoire sur les contrôles, et qu'il faudrait réformer avant la décrépitude, pour livrer à l'industrie
particulière ce qui leur resterait de capacité ; mais en re-
nonçant à l'absurde et cruel usage de les priver de leur
sexe, au risque de les faire périr , avant d'en débarrasser
le haras.

6.º Enfin le défaut de contrôle réel sur l'administration
du haras, surtout de la part des autorités locales, si émi-
nemment intéressées au but de cette institution, fait craindre
une multitude d'abus que l'esprit de corps autoriserait en
les palliant ; car elle n'a de comptes à rendre qu'à des supé-

rieurs, qui ne peuvent de loin exercer qu'une ombre de surveillance, et qui, peut-être même sans prétention à s'y connaître, seraient contraints de s'en rapporter légèrement à de prétendues spécialités en sous-ordre, dont rien, pas même la publicité, ne stimule le zèle ni la délicatesse.

Il est sans doute urgent de faire droit à de telles représentations! pourtant, malgré leur importance et notre soin à présenter ici une nouvelle organisation du haras, ainsi qu'un mode plus régulier et plus étendu d'encouragement à l'élève des chevaux, nous persistons à redire que là n'est point le vice radical qui nous empêche d'y réussir. La véritable cause de ce désavantage fut déjà signalée par des hommes remarquables à la Chambre des Députés; et, d'un point de vue plus élevé, nous la ferons aisément reconnaître ; car nous croyons devoir la développer d'autant plus que, sous peine de perpétuer l'annihilation de tous les efforts et de toutes les dépenses, il faut aujourd'hui s'appuyer sur de nouvelles bases.

Cette cause tient à la nature et à la position des empires, ainsi qu'au progrès de leur richesse commerciale, et gît en ce que l'élève des chevaux nous coûtant, et devant coûter nécessairement, plus qu'à d'autres peuples voisins, nos producteurs ne peuvent nullement supporter leur concurrence.

En effet, tout est plus cher en France que dans les pays de l'Est : le loyer des biens, le travail de l'homme et par conséquent l'entretien des chevaux. Et il ne dépend pas de nous de changer cet ordre de choses, puisqu'il est une suite naturelle de l'extension du commerce qui, favorisé par notre marine, attirant et retenant les capitaux fictifs, en diminue chez nous la valeur relative, et augmente ainsi d'autant celle de tous les autres objets : le renchérissement progressif de nos fonds de terre, à mesure que nos richesses s'accroissent, en est une évidente preuve. La même loi s'étend en général à toutes les régions; car, à quelques exceptions près, plus on s'avance du fond de l'Asie vers l'Ouest, plus on voit s'élever le prix des productions, jusqu'au maximum que la surabondance des capitaux et l'activité de leur circulation occasionnent en Angleterre. Ainsi, la nourriture et les soins exigés pour un cheval, représentant dans chaque pays une somme relative non-seulement à la concurrence des acheteurs, mais plus encore à la quantité de numéraire, sont nécessairement moins dispendieux au-delà du Rhin qu'en France, en sorte qu'on y peut vendre cet animal à plus bas prix.

Aussi, l'Allemagne, qui avait autant que nous souffert des récentes guerres, s'est promptement repeuplée en chevaux, précisément parce que, les frais de reproduction y étant moindres, elle a toujours pu nous en fournir avec profit, lors même que les prix ne suffisent plus à rembourser nos dépenses plus fortes, surtout quant aux races exotiques et lentes à se développer, pour lesquelles il faut prolonger un entretien plus onéreux. Un tel désavantage s'accroît peut-être aussi de l'infériorité de nos procédés agricoles, qui ne pourvoient pas assez abondamment de fourrages, et de ce que nous ne cherchons pas assez généralement à nous dédommager des frais de l'élève, en tirant des jeunes chevaux et des poulinières même un travail modéré, qui leur est sans doute plus favorable que nuisible.

Ce n'est qu'au voisinage de nos plus grandes villes, où le luxe paie cher, et dans les cantons où les fourrages ont peu de valeur, qu'on peut réellement s'adonner à la reproduction des chevaux. Tels sont nos fertiles marais de la Vendée, qui en fournissent pour diverses parties du royaume, et dont les poulains, grâce à l'excellence du pâturage, sont vendables dès leur deuxième année. Ailleurs, on perd à nourrir ceux qu'on ne fait pas travailler. De là, cette extrême insouciance pour des encouragements d'ailleurs minimes et peu nombreux ; de là ce dégoût même pour une industrie que tant de ruineuses épreuves ont fait abandonner de ceux qui s'y livreraient avec passion.

Ah ! ne conseillez point au gouvernement de nous y exciter encore, s'il veut continuer cet ordre de choses qui, avilissant le prix des chevaux, nous ôte tout espoir de bénéfices ! Ce serait une calamité qu'il y pût réussir ; car cet entraînement factice aggraverait le mal, en poussant vers leur ruine ceux qu'abuseraient de trompeuses espérances.

Comme c'est la probabilité du gain qui seule encourage aux spéculations industrielles, et qu'on ne peut s'en promettre sur l'élève des chevaux en France, qu'au moyen de prix relatifs à ce que nous y dépensons forcément plus qu'ailleurs : tant qu'il nous faudra lutter contre des voisins à qui la production est bien moins coûteuse, il sera chez nous impossible de l'accroître ! cette conviction sera notre guide dans la recherche des moyens propres à diminuer le désavantage de notre position à cet égard.

Si la force d'un État ne dépendait point tellement de sa richesse en chevaux, il serait loisible peut-être de recourir sans inquiétude aux peuples qui nous en offrent à moindre prix, et qui donneraient des compensations commerciales suffisantes ; mais , ces concessions dussent-elles être équivalentes et même excessives, dans une si grave matière, une vive crainte resterait pour dominer toutes autres considérations ! la première guerre de quelque importance, qui viendrait à nous priver des ressources extérieures, causerait bientôt l'épuisement de notre cavalerie et de nos équipages, puisque nous ne trouverions pas à remplacer sur notre territoire, et nous mettrait dans un tel état d'infériorité, devant un ennemi mieux pourvu, que notre courage et nos efforts en seraient souvent paralysés, non-seulement pour la conquête, mais pour notre propre défense. Notre existence comme nation en serait ainsi compromise, et tient peut-être à ce que, sachant créer des chevaux sur notre propre sol, nous puissions à cet égard nous affranchir de toute dépendance étrangère !

On ne trouvera d'abord qu'un seul et indispensable moyen d'y parvenir, et il est indiqué par les réflexions précédentes ! modérez la concurrence de l'extérieur pour qu'une suffisante hausse des prix rende lucrative l'industrie de nos éleveurs ; et renoncez surtout dans ce but à chercher ailleurs, en vue souvent trompeuse du bon marché, la majeure partie de nos remontes militaires, car c'est principalement sous ce rapport que nous devons nous plaindre ! on objecte que nous n'offrons rien que de défectueux ou à peu près ! Eh! assurerait-t-on qu'on ne reçoit rien de pire de l'importation étrangère ?.... Il serait difficile d'établir à cet égard un contrôle efficace et de prouver qu'il est suffisant. Quant à la crainte de nous démunir par de trop prompts et trop nombreux achats, en recourant d'abord à nous, elle serait totalement illusoire : dès qu'il y aura bénéfice, nous saurons bien réserver les bêtes convenables et accroître la production, en y affectant en plus grande quantité les meilleures juments. Ainsi se démontrera de nouveau la constante vérité de ce vieil adage : chère marchandise foisonne.

Ne redoutons pas ici d'effaroucher ceux de nos compatriotes qu'un entraînement d'idées généreuses, sous les lesquelles nous ne voulons rien voir de semblable à la cupidité, porto à poursuivre sans mesure une liberté de commerce sans limites ! n'appréhenderaient-ils pas eux-mêmes d'obéir aveuglement à l'impulsion de nos voisins de l'Ouest ? Rassurés par leur puissance navale, par une immense force industrielle et par la supériorité de capitaux qui met leurs spéculations de commerce au-dessus de toutes rivalités, ils n'affichent sans doute tant de vues libérales que pour aplanir ce qui reste d'obstacles au monstrueux développement d'un monopole absolu. Eux seuls gagneraient à la licence du commerce, qu'ils offrent comme un bienfait! s'ils essaient de nous allécher par des concessions précaires et trompeuses, s'ils tâchent de nous enhardir par l'exemple de quelques petits Etats qu'ils peuvent favoriser sans conséquence, c'est comme ils le savent bien, qu'en définitive tout l'avantage doit leur en revenir. Ne les vit-on pas naguère exploiter jusqu'à la philantropie à l'égard des noirs, dans l'unique but de ruiner les colonies et la marine des autres européens, pour accroître l'importance de leurs possessions asiatiques, où l'esclavage proprement dit est inutile, d'autant plus que la cruelle division en castes y offre quelque chose de semblable ?.... Combien il eût été plus désirable que l'affranchissement d'une race d'hommes ne dut rien à des considérations d'intérêt sordide !

A Dieu ne plaise que je veuille pourtant blesser ces rivaux illustres, qu'un grand intérêt commun a rapprochés de nous, et semble devoir nous lier de plus en plus ! Tout nous recommande une longue et sincère union pour la sécurité des deux peuples et de l'Europe entière, par rapport à la situation de l'Orient. Mais, en abjurant l'inimitié, sachons nous défendre de tout engouement qui compromettrait nos intérêts, quant aux relations commerciales en particulier, aujourd'hui que la richesse qui en résulte est un des principaux éléments de puissance ; aujourd'hui que l'énormité des frais de la guerre réduit à l'inaction les Gouvernèments qui n'y peuvent suffire ! car c'est à-peu-près ainsi que, depuis plus de trois ans, la haine s'irrite en vain de nos institutions, sans oser nous combattre.

Appliquons-nous sans doute à favoriser le commerce, mais ne craignons pas d'y mettre quelques entraves pour des objets particuliers, dans des circonstances impérieuses, comme en ce qui concerne les chevaux. A quoi les Anglais doivent-ils l'étonnante prospérité de leur agriculture, sous ce rapport même, si ce n'est à l'isolement de leur territoire et au système prohibitif qui, à l'aide des mouvements maritimes, la rend si lucrative ? — En France, nous lui devons aussi, surtout relativement à l'élève des chevaux, une protection moins rigoureuse peut-être, mais efficace et d'ailleurs indispensable ; dussent nos voisins se relâcher de leur première sévérité, dès que, après en avoir obtenu le résultat, ils croiraient devoir, en changeant de mode, trouver des dédommagements excessifs au profit de leurs manufactures.

Résumons-nous à proposer dans ce but:

1.º Une taxe de Douane qui diminue sensiblement l'importation des chevaux étrangers, surtout de ceux dépourvus de sexe, pour en hausser d'un cinquième au moins le prix, sur nos marchés frontières. Elle ne serait pas relative à la valeur individuelle des animaux, parce qu'il y a moins d'inconvénient à recevoir ceux de belle espèce, et que la considération du prix exciterait à la fraude, comme aux abus et aux discussions.

2.º L'élévation du tarif des remontes militaires, d'un quart ou d'un tiers en sus des prix actuels, tellement insuffisants qu'ils ne sont que nominaux et illusoires, puisqu'il faut chaque année les augmenter de suppléments qui, pour n'être ni assez réguliers, ni assez publiquement connus, n'ont aucune influence au profit de l'élève des chevaux, mais favorisent quelques fournisseurs, en donnant peut-être l'occasion de gains frauduleux!

3.º Enfin, une franche renonciation à s'approvisionner de remontes au dehors, avant d'avoir acheté tout ce que notre sol offrirait de passable, à moins de circonstances qui porteraient à s'en pourvoir extraordinairement. Trois ou six mois seraient exclusivement accordés aux régnicoles, après quoi seulement on pourrait recourir à l'extérieur.

Le budget de l'État s'aggraverait apparemment ainsi d'un accroissement de dépense en remontes! Mais moins qu'on ne le penserait d'abord, car ces fournitures étrangères sont bien plus dispendieuses, plus mauvaises et moins durables qu'on ne l'imagine. Eh! dut-il en coûter par an un million de plus! comptera-on pour rien les bénéfices de notre agriculture, et l'avantage de ne remettre d'argent qu'à des contribuables de chez qui l'on a tant de moyens de le retirer? N'aurait-on pas à se féliciter au surplus de faire bientôt produire sur notre territoire les chevaux qui nous manquent pour le présent et pour l'avenir?

Telle doit être, dans notre position actuelle, la base absolue de tout système d'encouragement à l'élève des chevaux; car nulle autre ne doit promettre de succès réel et durable, tandis qu'à son aide seule nous aurions promptement chez nous mêmes assez de ces animaux pour tous les services.

Au second rang des encouragements nécessaires, nous mettrons une large et régulière distribution de primes judicieusement décernées; car, après la valeur vénale, c'est le plus grand moyen d'émulation, en ce qu'il offre à-la-fois avec quelque célébrité une augmentation de bénéfices, ou une indemnité en cas de perte.

D'ailleurs, des courses et des épreuves publiques continueraient d'avoir lieu, et seraient même multipliées, non-seulement pour les chevaux de selle, mais aussi pour ceux d'attelage, en essayant d'une part leur force, et d'autre part leur vîtesse. Cependant on les réglerait de manière à ne permettre ni de ruiner ni d'exténuer les animaux, sous prétexte de mieux mettre en évidence tout leur mérite.

Excepté dans la capitale, les prix n'étant destinés qu'à des personnes présumées au moins dans l'aisance, devraient être considérés comme plus honorifiques que lucratifs, et seulement comme une sorte d'indemnité pour un déplacement toujours coûteux. La dépense en serait alors peu considérable, quoiqu'on dût en augmenter le nombre pour les distribuer, soit tous les ans, soit tous les deux ans dans chaque département, où il en résulterait ainsi une fête publique, au jour de naissance, ou à celui de l'avénement du Roi, selon que la saison en serait plus convenable. Les prix seraient décernés par une commission composée des Maires des chefs-lieux d'arrondissement et d'un égal nombre de propriétaires choisis par le Préfet, qui aurait la présidence.

A la rigueur, de tels moyens suffiraient à nous faire élever beaucoup d'excellents chevaux, puisque des soins éclairés suffisent à en améliorer les espèces; mais, sans doute, on en voudrait mieux faciliter le perfectionnement et le rendre plus remarquable. C'est alors qu'il faut un haras public, formé d'étalons dont le grand prix excède généralement les ressources des particuliers. Lui seul doit nous doter des races de luxe, et nous faire parvenir pour les nôtres à un dégré de mérite qui ne nous laisse plus rien envier aux autres peuples.

Ainsi l'institution du haras royal n'aurait pour but que la multiplication des chevaux précieux et l'amélioration de nos races les plus distinguées; tandis que l'appât des primes et de la renommée, joint à celui des bénéfices du commerce, exciterait de toutes parts à reproduire les espèces plus utiles et moins cheres, en profitant, selon le cas, des étalons que le gouvernement offrirait pour les perfectionner. Mais, ne nous lassons pas de le redire : c'est dans la valeur des chevaux au marché que consiste le plus efficace encouragement, celui sans lequel tous autres seront constamment nuls ; et que d'ailleurs chez nous cette valeur ne serait suffisante qu'à l'aide de restrictions fiscales à l'importation étrangère.

Il ne nous faudrait donc qu'un nombre peu considérable d'étalons royaux, six cents peut-être, avec cinquante juments pour coopérer à leur remplacement ; mais tous de choix et des plus belles races. Avec les chevaux Arabes, Barbes, Turcs, ceux de l'Ukraine, du Mecklenbourg, du Holstein, et ceux de premier sang d'Angleterre, on y voudrait les Transylvains qu'en Autriche on considère comme doués des plus belles formes, et les Andaloux, sans oublier ce que nous avons de plus parfait en Limousins : chaque race en nombre déterminé entre de certaines limites.

Ces chevaux seraient apparemment en partie trouvés dans les haras actuels, où l'on réformerait, après stricte revue, pour vente à l'enchère, tout ce qui, défectueux, trop âgé, ou de trop mince valeur, est l'objet d'une dépense en pure perte ; semble une déception sur les contrôles, et ne sert qu'à discréditer l'établissement par la nullité ou les mauvais résultats de la monte. Les prix aideraient aux remplacements nécessaires, et jusque-là seraient déposés à la caisse des consignations. Un certain nombre d'étalons, encore utilisables quoique indignes du haras royal, passerait ainsi chez des particuliers qui, à leurs frais et risques, en tireraient mieux tout le parti possible pour la reproduction. Pour compléter, au besoin, le haras restant, on chercherait à se procurer celles des belles races qui y manqueraient encore.

Les chevaux y seraient ensuite régulièrement réformés dès leur dix-septième année, ou après douze ans de service, quinze ans au plus, quant à ceux qu'il serait trop difficile de remplacer, et dès qu'ils deviendraient impropres à la monte. On les vendrait au plus offrant avec leur sexe, à moins de vice constaté qu'il serait nuisible de laisser reproduire.

L'administration du haras royal dépendrait du ministère de la guerre ; comme plus intéressé à l'élève des chevaux pour les besoins de l'armée ; comme ayant sous ses ordres plus de personnes qui doivent s'y connaître, en ce que leurs emplois ont nécessité l'étude de tout ce qui s'y rapporte, et comme ayant plus de moyens faciles et tout organisés d'y exercer une efficace surveillance.

Il s'agirait simplement d'une direction générale composée du premier directeur-général président, lieutenant-général, et de quatre directeurs-généraux, maréchaux-de-camp, outre six inspecteurs colonels, qui n'auraient que voix consultative, à mentionner de droit dans les procès-verbaux ; et enfin un secrétaire-général-trésorier. Cinq chefs de division, capitaines, résideraient dans autant de divisions du haras, pour y veiller et partager à certain point la responsabilité de la personne qui serait chargée de l'entretien. Tous seraient tirés de la cavalerie, comme présumés plus instruits à cet égard ; recommandés, d'ailleurs, dans cette arme, par une parfaite connaissance de tout ce qui concerne les chevaux, et choisis parmi les officiers en retraite, ou en réforme, ou démissionnaires, ou par insuffisance en activité.

La comptabilité du haras royal serait, comme celle des corps militaires, réglée par les inspecteurs aux revues, et définitivement arrêtée par les inspecteurs-généraux de cavalerie en tournée, qui auraient sous l'autorité du ministère le contrôle supérieur de toutes les parties de l'établissement.

Des cinquante juments avec vingt des plus magnifiques étalons de races pures, pour les servir d'abord et de préférence, on formerait en remplacement des dépôts et haras actuels, cinq divisions du haras royal, entretenues par le gouvernement, plutôt en entreprise qu'en régie, par les soins d'un chef de dépôt, sous la surveillance d'un chef de division. Nous pensons qu'on parviendrait à ce mode sans crainte de risques ni d'abus, et la suite de ce projet en donnera l'assurance.

Dans chaque division du haras royal, les chevaux des deux sexes, ainsi que les productions des juments royales, seraient inscrits par le chef avec signalement certifié par le Maire sur double registre, dont une expédition lui restant, l'autre serait déposée à la mairie.

A la fin de chaque trimestre, les existences et les signalements y seraient de la même manière vérifiés, constatés ou réformés selon le cas par annotations successives motivées. Ces registres seraient examinés et arrêtés par procès-verbal lors des revues et des inspections.

Les chefs de dépôt tiendraient séparément un autre registre dont chaque article serait visé par le chef de la division, pour y inscrire les saillies des juments de particuliers, de la même manière que dans les simples dépôts dont il va être question. Ces deux employés viseraient les registres privés tenus par les personnes qui livreraient des juments aux étalons royaux. Les premiers seuls seraient directement comptables.

Il serait alloué une prime d'encouragement par chaque cheval du haras préservé d'accident pendant une année, les élèves compris; et, en outre, pareille prime à la naissance de chaque production vivante issue d'une jument royale.

Dès que ces poulains auraient trois ans accomplis, on prononcerait sur leur admission au haras ou sur leur réforme, à défaut de qualité, et ceux dans ce dernier cas seraient immédiatement vendus à l'enchère.

Il y aurait enfin des gratifications plus considérables relativement aux animaux d'un mérite tout-à-fait remarquable entre ceux jugés dignes d'être incorporés au haras.

Ces primes, si propres à garantir un très-grand soin des chevaux, seraient réparties entre tous les employés de la division du haras, de manière que le chef de division et le chef de dépôt eussent des parts égales, chacune triple de celle d'un des palefreniers. Peut-être serait-il convenable de déposer au profit de ces derniers la majeure partie de ce qui leur en reviendrait, afin de leur créer un fond de retraite ! mais il ne faudrait pas trop diminuer l'appât d'une récompense immédiatement présente.

Le surplus des étalons royaux, réparti dans toute la France, sur la demande des Conseils-Généraux, selon les besoins et la convenance des localités, serait totalement à la charge des départements pour ce qui aurait été confié à chacun d'eux, au nombre de trois au moins ;

et ce serait justice que chacun y dépensât en proportion de ce qu'il en profiterait. Si quelque part l'ignorance répugnait à cette charge, des populations plus éclairées la réclameraient comme une faveur, et de proche en proche l'émulation s'étendrait bientôt sur toute la France.

Ces chevaux y seraient disséminés par dépôts d'un à trois au plus chez des particuliers qui, au prix d'un tarif consenti par le gouvernement, selon les lieux, s'obligeraient à les nourrir, soigner et entretenir de toutes choses, conformément au réglement à intervenir, frais de vétérinaire exceptés.

On les mettrait au pâturage pendant au moins trois mois chaque année, à des époques relatives aux cantons où ce serait possible; et, en toutes saisons, ils seraient lâchés en lieu clos deux fois par semaine et deux heures au moins à chaque fois, outre une promenade sous cavalier dans l'intervale.

Le temps de la monte et le nombre des saillies seraient comme d'usage déterminés, eu égard au climat.

En cas de maladie et d'accident, les chevaux du haras seraient soignés par l'artiste vétérinaire autorisé sans appointement; les frais approuvés par le Maire, seraient, sur l'avis du Sous-Préfet, ordonnancés à la fin de chaque trimestre par le Préfet, s'il est possible, ou par le ministère à la fin de chaque trimestre.

Des chefs de dépôt solvables, nommés par les Préfets sur liste de propriétaires ou fermiers fournie par chaque Maire, et annotée par le Sous-Préfet, recevraient, sur inventaire, les étalons, soit des divisions, soit des dépôts du haras, aux conditions du réglement.

Ils toucheraient, par trimestres, chez le Receveur particulier de l'arrondissement, la rétribution à laquelle ils auraient droit selon le nombre des chevaux, et en outre les primes annuelles relatives à ceux de ces animaux préservés d'accident ; mais il y serait fait retenue pour une masse d'attaches, de couvertures, de ferrage et d'assortiment d'ustensiles ; et le décompte n'en serait payable qu'après revue d'un Inspecteur-Général de cavalerie, et sur son ordre, chaque année.

Ils seraient responsables jusqu'à concurrence de mille francs par cheval, de tous accidents résultés de mauvais soins et d'infractions aux réglements, outre les poursuites en cas de disparition de l'animal ; et, dans tous les cas, les événements seraient constatés par procès-verbal du Maire, assisté de six membres du Conseil municipal.

Les chefs de division et de dépôt seraient, à tous égards, sous la surveillance des fonctionnaires du haras royal ; de toutes personnes chargées de son inspection, notamment des Inspecteurs aux revues, ainsi que des Préfets et Sous-Préfets, directement ou par l'intermédiaire des Maires, du Conseil d'agriculture et de l'Artiste-vétérinaire du département, et enfin des Inspecteurs-Généraux de cavalerie.

Ils tiendraient soigneusement à leurs frais, sur livres à souche uniformes, registre des étalons et des juments qui en auraient été couvertes, ainsi que de leurs progénitures, le tout avec signalement exact. Les certificats de saillie en seraient par eux détachés et remis gratuitement aux intéressés, et ils y inscriraient les naissances qu'attesterait le Maire. Ils en délivreraient au besoin des doubles, indiqués comme tels par suscription, et mentionnant la date des précédents ; mais, pour chacun de ces derniers, il leur serait alloué cinquante centimes.

Leurs propres juments ne pourraient être livrées aux étalons royaux sous leur garde, ni obtenir de primes que jusqu'à concurrence du nombre réglé d'avance, eu égard à ce que le canton en posséderait de propres à la monte.

Dans les divisions du haras, le prix serait de douze francs par saillie ; et, dans les dépôts, il varierait de six à douze francs, selon le mérite des étalons, le tout au profit des employés, savoir : d'abord un franc pour les palefreniers, et deux francs pour le chef du dépôt, aux mains duquel le surplus resterait en masse de gratifications à distribuer, par l'ordre de l'Inspecteur-Général, entre ceux de ces divers employés qui les auraient méritées dans chaque circonscription, les autorités locales consultées. Les fumiers appartiendraient entièrement aux chefs de dépôt.

Les dépenses du haras royal, à ordonnancer par le Ministre de la guerre, sont de deux sortes : celles de l'administration et du remplacement des chevaux seraient acquittées par l'entremise du Secrétaire-Général-Trésorier ; et celles des divisions du haras, avec les frais de vétérinaire, le seraient chez le Receveur-Particulier de l'arrondissement, sur mandat du Payeur, aux mains du chef de dépôt de la division et du Vétérinaire.

Les primes destinées aux particuliers, ainsi que les prix pour courses et épreuves, seraient soldées sans retard et directement, sur mandats individuels, par les mains des Receveurs particuliers, qui acquitteraient aussi la dépense d'entretien des étalons royaux à la charge des localités, ce sur les revenus des départements.

Les Recettes proviendraient du prix des chevaux vendus par suite de réforme et des fonds accordés par le gouvernement, ainsi que de ceux votés par les départements pour l'entretien des étalons des dépôts; mais la plupart resteraient au trésor jusqu'à l'emploi, pour être remises directement aux intéressés.

Il y aurait quelques frais de premier établissement pour attaches, couvertures, etc., dans les divisions et dépôts, mais ce serait très peu considérable, parce qu'on y placerait, à raison de deux ou trois pour un, selon leur valeur, les objets existant dans les haras royaux actuels.

Chaque année, de février en avril, les Inspecteurs du haras royal passeraient, en présence du Préfet, ou de son délégué et du Maire, la revue des divisions du haras et des dépôts de leurs circonscriptions, et en dresseraient, sur registre, procès-verbal détaillé, que le Préfet légaliserait avec observations et réserve du droit de réclamer. Ils formeraient un état des chevaux, par race, par âge, énonçant le prix coûtant, la valeur actuelle présumée, les qualités marquantes, les défauts reconnus; et proposeraient les réformes, tant pour l'année présente que pour les deux suivantes, afin de mettre la direction générale dans le cas de pourvoir d'avance aux remplacements probables. Cet état comprendrait les productions des juments royales.

Dans la même tournée, ces Inspecteurs passeraient, dans chaque arrondissement, en présence des mêmes autorités locales, après publication suffisante, une revue des étalons et des juments destinés à la reproduction par des particuliers, et présentés pour obtenir des primes, ou pour continuer d'en recevoir tant qu'ils en seraient dignes, pendant cinq années au plus. Ils seraient classés par sexe, sous le rapport particulier de mérite et de convenance à l'un des services militaires, les dernières pour prendre en outre rang d'admission aux étalons royaux.

La direction générale en formerait un seul état de classement par départements pour tout le royaume, en y portant, selon leur rang de qualités, dix-huit cent vingt étalons et deux mille juments susceptibles de primes, dont il ne serait néanmoins accordé que dix-huit cent vingt pour celles avec lesquelles on présenterait ensuite un poulain qu'elles auraient eu d'un étalon royal, ou de ceux primés. Celles qui auraient été saillies par d'autres chevaux n'obtiendraient que moitié de la prime proposée; et, dans tous les cas, on n'en accorderait plus à celles qui, deux années de suite, auraient eu des productions défectueuses.

On ne paierait de primes pour les étalons qu'après revue de ses animaux encore entiers après la monte, et présentation d'un double registre de même forme que pour les étalons royaux, visé par le Maire, et constatant qu'on les a employés à saillir vingt juments au moins dans le cours de l'année. Pour ceux qui en auraient eu en moindre nombre, mais cinq au moins, la prime serait aussi réduite à moitié.

Toutes ces primes, en général modiques, mais suffisantes, n'étant offertes que comme indemnité des risques à élever des chevaux, nous ne les proportionnerions pas à la beauté des produits; les personnes assez heureuses pour y réussir étant naturellement récompensées par le prix, et par la renommée qui tend d'ailleurs à l'augmenter. Il ne résulte pas toujours une excitation précisément relative à l'importance des primes d'encouragement ; vu que fortes, mais rares, on se flatte trop peu de les obtenir ; tandis que de moindres, mais nombreuses, donnent plus d'espérance, et multiplient les prétendants.

Néanmoins, quelques-unes plus considérables seraient destinées aux plus magnifiques chevaux d'un ou d'autre sexe affectés à la reproduction par l'industrie particulière qui, dans tous les cas, en devrait tenir registre régulier, comme il a déjà été dit ici. Un tel stimulant serait convenable, surtout à cette époque où l'on se fait gloire d'entretenir de beaux coursiers pour les montrer seulement, et tirerait peut-être grand parti de ce caprice de mode, en faisant étendre jusque sur des progénitures la vanité qu'on met à posséder des chevaux remarquables sans les utiliser. L'obligation de tenir pour eux des registres, comme pour les animaux du haras royal, pourrait induire enfin à constater en France la généalogie des beaux chevaux ; et cette innovation qui y ferait attacher plus de prix, accroîtrait encore l'émulation désirable.

Vers le commencement de l'été, les directeurs-généraux, se divisant tout le territoire, feraient une tournée d'inspection dans les divisions et dépôts du haras, pour en observer la tenue, et l'état des chevaux ainsi que leur régime vers la fin de la monte ; l'entretien des attaches, des couvertures, du ferrage ; la convenance des écuries et du sol ; les étalons, juments et leurs provenances à réformer ; les poulains de trois ans proposés

pour rester en remplacement au haras royal ; enfin le
service et la conduite des employés, révoquant au besoin ceux qui ne rempliraient pas leur devoir. Les Préfets
seraient à tous égards consultés, et les Maires entendus.
Un travail général avec propositions, serait ensuite fait
à la direction générale, et présenté au Ministre de la
guerre qui statuerait, en mentionnant leurs observations.
Ils se feraient présenter les étalons et juments particuliers primés de première classe, pour en viser les li-
vrets en y donnant leur avis.

Une troisième revue annuelle du haras royal serait,
moyennant indemnité supplémentaire, passée par les Inspecteurs-généraux de cavalerie en tournée, avec les
mêmes obligations et pouvoirs que les Directeurs-généraux du haras ; mais en outre dans le but de statuer
définitivement sur les chevaux royaux de tout âge à
réformer, et d'en ordonner la vente ; 2.º d'admettre en
remplacement au haras royal celles des productions des
juments royales proposées à cet égard, et qu'ils en jugeraient
dignes, et aussi les chevaux achetés à cet effet, en en
dressant procès-verbal, tant par rapport à la qualité
qu'au prix ; 4.º de se faire présenter les chevaux primés
de première classe, d'en proposer la suppression, ou
de l'ordonner, s'ils n'y ont plus droit d'après le réglement ; mais en relatant l'avis laissé par le Directeur-
général ; 4.º enfin, d'arrêter la comptabilité des chefs de
dépôt ; provisoirement réglée par les Inspecteurs aux
revues, et de prononcer au besoin leur destitution, ainsi
que de proposer celle des chefs de division. Ils tiendraient

du tout plusieurs registres séparés, selon la matière, et rendraient compte directement au Ministre.

Tant de moyens de contrôle, indépendants les uns des autres, simultanés sans se gêner en rien, laissant à l'institution toute l'unité désirable sous un même ministère qu'éclaireraient surtout les autorités locales, sans entraver son action, devraient préserver de tout ce que l'incurie, les ménagements déplacés et la partiale indulgence pourraient faire craindre d'une administration civile exempte de surveillance extérieure, et presque seule, avec son esprit de corps, juge et partie dans sa propre cause. Sous ce rapport, on jugera très-utile de faire régir sa comptabilité de la même manière que celle des corps de l'armée.

Un tel système d'encouragement, conçu dans des vues plus larges, n'augmenterait pas les dépenses publiques, mais les utiliserait davantage, en les appliquant réellement à leur objet, et ne tarderait pas à porter des fruits assurés. Nous osons prétendre qu'à son aide, la France serait, en dix années, pourvue d'une suffisante quantité de bons chevaux pour tous les services, et qui ne le céderaient nullement à ceux des autres pays.

Pour mieux faire apprécier ce projet, nous joignons ici l'aperçu des frais qu'il en coûterait d'une part au trésor public, moins de quatorze cent mille francs, et d'autre part aux départements, moins de cinq cent mille francs.

ETAT DES DÉPENSES ANNUELLES

POUR ENCOURAGEMENT A L'ÉLÈVE DES CHEVAUX.

Administration générale.

Un premier Directeur-Général président, Lieutenant-général de cavalerie . . . . . . 12,000 f.

Quatre Directeurs - Généraux, Maréchaux-de-camp de cavalerie, à 6,000 f., ci. 24,000

Six Inspecteurs du haras, Colonels ou Lieutenants-Colonels, à 4,000 f., ci. 24,000

Un Secrétaire-Général-Trésorier. 8,000

Frais de bureau de la direction générale, impressions, etc. . . 9,000

Frais de tournées des Directeurs-Généraux et des Inspecteurs, indemnités et gratifications accordées par le Ministère. . . . 24,000

Indemnité de revue des Inspecteurs-Généraux de la cavalerie. 4,000

Administration générale, pour 650 chevaux, moins de 162 f. par cheval. . 105,000 f.

FRAIS D'ÉTABLISSEMENT EN ATTACHES, COUVERTURES, ETC. MÉMOIRE.

Remplacement des Chevaux.

Remplacement annuel de 55 chevaux, le douzième des 650 du haras royal, à 8,000 f.

A reporter. . . . . 105,000 f.

Report d'autre part. . . . .   105,000 f.

l'un, prix moyen, outre le produit des
ventes par suite de réforme (près de 677 f.
par chacun des 650 chevaux).   440,000

Divisions du haras royal.

Cinq Chefs de division, Capitaines de cavalerie, résidant dans les divisions, à
2,500 f. . . . .   12,500 f.

Nourriture et entretien total de
70 chevaux (20 étalons et 50
juments), à 850 f.   59,500

Nourriture de 120 poulains au-
dessous de 3 ans, à 400 f.. . . .   48,000

Soixante-dix primes annuelles de
50 f. pour ceux des 70 chevaux
préservés d'accident.   3,500

Quarante primes de 50 f. pour
chacun des 40 poulains à atten-
dre par an des 50 juments. . .   2,000

Cent vingt primes de 50 f. pour
120 poulains au-dessous de 3
ans, préservés d'accident cha-
que année.   6,000

Huit primes annuelles de 125 f.
en sus pour autant de poulains
très-beaux, préservés d'acci-
dent jusqu'à 3 ans. . . . .   1,000 f.

Coût des divisions du haras royal, à 693 f. par
chacun des 190 chevaux, élèves compris . .   132,500 f.

. . . . . A reporter . A . . .   677,500 f.

Report de d'autre part. . . .   677,500 f.

Frais de Vétérinaire, pour 770 chevaux,
  poulains compris, à 30 f. et plus.   19,000

Dépôts du haras royal.

Nourriture et entretien de 580 étalons royaux,
  à 750 f. l'un, chez des particuliers 435,000 f.
Cinq cent quatre-vingts primes de
  50 f. par chaque étalon préservé
  d'accident pendant l'année. . . 29,000 f.- 484,000

PRIMES D'ÉTALONS ET DE JUMENTS
DES PARTICULIERS.

1820 *primes pour étalons.*

20 étalons très-beaux,
        à 1,000 f., ci.   20,000
400   *id.*   300   ci. 120,000
600   *id.*   200   ci. 120,000
800   *id.*   100   ci. 80,000- 340,000 f.

1820 *primes pour juments.*

20 juments très-belles,
        à 750 f., ci.   15,000
400   *id.*   200   ci. 80,000
400   *id.*   150   ci. 60,000
1000   *id.*   100   ci. 100,000-255,000 f. - 595,000

Prix d'épreuve.

Prix de course et d'épreuve de chevaux de

A reporter . . . . .   1,775,500 f.

Report d'autre part. . . . . . 1,775,500 f.
toutes sortes, dans 50 départements, par
an, à 1,200 f. en chacun.   60,000
____
1,835,500 f.

RÉCAPITULATION.

A LA CHARGE DU TRÉSOR ROYAL.

Frais du haras royal.

Direction générale et ac-
cessoires. . . · 105,000
Remplacement des che-
vaux du haras. 440,000
Divisions du haras, 70
chevaux et 120 progé-
nitures de 3 ans au
plus 132,500
Vétérinaire pour 770 che-
vaux, élèves compris..   19,000 - 696,500 f.

Encouragements particuliers.

Prix d'épreuves des che-
vaux. . . . , ...   60,000
Primes à 1820 étalons et
1820 juments des par-
ticuliers . . . . 595,000 - 655,000 f. - 1,351,500 f.

A LA CHARGE DES DÉPARTEMENTS.

Nourriture et entretien de 580 étalons royaux,
à 800 f., primes comprises . . . .   484,000 f.
____
TOTAL, maximum susceptible de ré-
ductions successives, ci. . . . . , . . 1,835,500 f.

Les réductions à faire proviendraient d'abord de ce qu'on économiserait bientôt sur les énormes frais du remplacement des chevaux du haras, au moyen des productions des juments royales ; ensuite de ce que, par suite des encouragements publics, on pourra peu à peu réduire le haras royal même à trois cents chevaux, et peut-être à moins ; de quelque diminution de primes assignées à ces progénitures, soit qu'on en obtienne en moindre nombre, soit qu'il y en ait de défectueuses ; enfin de l'affaiblissement des primes à décerner aux chevaux des particuliers, si l'on juge que 200 francs soient assez, au lieu de 300 francs pour étalons de 2.ᵉ classe, et 150 francs au lieu de 200 francs pour juments de 2.ᵉ classe. Les sommes économisées ainsi devraient retourner au trésor ; mais d'ici quelques années, il serait bien préférable d'en augmenter le nombre des primes, surtout de première classe, destinées à faire insensiblement suppléer le haras royal par des chevaux des particuliers, ce qui coûterait infiniment moins au gouvernement. Ainsi, nous désirerions que, à la fin de chaque exercice, elles fussent employées en augmentation des encouragements pour l'année suivante, jusqu'à ce qu'on les crût tout-à-fait suffisants ; après quoi les dépenses diminueraient néanmoins fortement avec le personnel du haras royal, moyennant qu'une modération de la concurrence étrangère persistât en tant que besoin, à soutenir notre production de chevaux.

Au reste, nous déclarons ici que, tout en voulant éviter la profusion, nous avons craint davantage une lésinerie capable de compromettre la réussite, et de faire tourner à ruine l'énorme dépense causée par l'achat de magnifiques chevaux. Aussi, nous a-t-il particulièrement semblé convenable que la rétribution destinée à l'entretien des animaux offrît de justes bénéfices aux chefs de dépôt, afin que ceux-ci tinssent à en rester chargés, et y missent par conséquent tout le zèle possible. D'autre part, nous avons tâché d'exciter l'émulation par des récompenses pécuniaires dont la publicité accroîtrait beaucoup le prix, et d'ôter d'ailleurs, par une grande surveillance, tout espoir de gains frauduleux.

Ce système, qui fournit 2420 étalons, dont 1820 primés chez les particuliers, et qui consacrerait à la reproduction plus de 2000 de nos plus belles juments, en intéressant sous tous les rapports à soigner extrêmement ces chevaux, ainsi que les poulains qui en devraient résulter, coûterait pourtant moins que celui dont on se plaint avec tant de raisons; il débarrasserait le gouvernement d'une grande partie de la dépense qui serait à la charge des départements, au prorata de ce qu'ils en profiteraient, et en réintégrant au domaine la majeure portion des biens-fonds affectés aux haras et dépôts actuels. Enfin, il peut à la rigueur s'accommoder avec toute organisation quelconque d'un haras public, en y introduisant néanmoins des améliorations importantes pour en garantir le succès. Un de ses grands avantages est de diminuer par gradation la nécessité de ce haras, et de nous amener peut-être à nous en passer comme les Anglais. D'ailleurs il dégage cette institution d'une multitude d'emplois onéreux, ainsi que de faux frais et d'accessoires qui en absorbent les ressources pécuniaires. Eussions-nous dû ne rien diminuer des dépenses, le mode que nous proposons les appliquerait du moins principalement à leur objet, et utiliserait, autant que possible, de si grands sacrifices, en les faisant entièrement tourner à l'avantage public.

———————

Notre système d'encouragement à l'élève des chevaux s'étendrait si naturellement à d'autres objets, qu'après nous en être occupé si soigneusement, nous osons solliciter le gouvernement de favoriser la multiplication ou le perfectionnement d'autres animaux utiles, qui nous sont étrangers, et de naturaliser en France ceux qui en sont susceptibles.

Celui de la Restauration était à cet égard entré dans une excellente voie, en faisant livrer aux particuliers qui le demandaient, sur le seul prix d'expertise, des bestiaux de localités éloignées. Il s'en dégoûta : peut-être parce qu'on négligeait de mettre à profit ses bienveillantes dispositions, ou parce qu'il eût à redouter d'en voir faire une sorte de trafic; mais, d'abord on n'y avait point mis une publicité capable d'exciter assez l'émulation ; et puis, beaucoup de gens craignaient de s'engager à une dépense indéterminée qui excédât leurs prévisions, et fût en pure perte dans le cas où l'ignorance et la mauvaise foi fussent chargées de la fourniture. Pour mieux obtenir la confiance, on pouvait faire surveiller les achats sur les lieux par des fonctionnaires d'un rang élevé; et d'ailleurs il fallait plus de persistance dans le système qu'on essayait, car toute nouvelle institution, ne pouvant surgir qu'imparfaite, donne naturellement occasion à des abus qui nuisent à son effet, et qui ne peuvent être reconnus ou corrigés que par suite de l'épreuve. Eût-il fallu que le gouvernement, dans sa libéralité, se chargeant du surplus des frais, n'exigeât relativement aux animaux procurés que le seul prix des indigènes analogues d'espèce, de force et de beauté?

Nous indiquerons d'abord la belle race des bœufs gris à longues cornes de Hongrie. Hauts sur jambes et de démarche libre, ils avancent plus que les nôtres au travail, surtout au charroi. Leur belle construction et leur forme arrondie se prêtent parfaitement à un bon engrais, en sorte que, semblant d'abord légers, ils n'en sont pas moins susceptibles de parvenir à un poids considérable.

Il ne faut pas oublier les énormes cochons noirs du même pays, distingués par une forme cylindrique particulière, qui prennent très-facilement tant de graisse.

Mais peut-être importe-t-il surtout de donner des encouragements à la multiplication des moutons, soit mérinos, soit à longue laine, soit métis; car il reste à cet égard beaucoup à désirer dans la plupart des localités où des routines vicieuses ont empêché de réussir.

Comme l'humidité, si ordinaire à plusieurs de nos contrées, nuit particulièrement à ces animaux, c'est à les en préserver qu'il faut avant tout exciter nos agriculteurs, et c'est tout ce que nous souhaiterions en faveur de cette branche de leur industrie ; mais cela nous semble d'une très-grande utilité. Accordez ainsi des primes à ceux dont les étables seraient les plus saines, par la nature du lieu même, par l'élévation du sol soigneusement pavé , par leur étendue relative, par l'exposition au levant et le nombre des ouvertures pour y renouveler l'air, et par le nettoiement journalier; pourvu que d'ailleurs, surtout à l'aide de fourrages cultivés, les moutons y soient copieusement nourris, à couvert pendant toutes les journées de pluie, et n'en sortent qu'après dissipation de la rosée, sans être soumis à de fatales promenades dans la boue. On pourrait exiger la preuve d'une moindre mortalité dans le troupeau; mais cet avantage devant naturellement résulter des précédentes conditions, il semble peu convenable de favoriser ainsi d'une manière trop absolue les personnes qui auraient éprouvé moins de pertes.

Ainsi, dans quelques années et avec peu de dépense, on ferait acquérir à nos cultivateurs les connaissances pratiques, ainsi que l'habitude des soins, faute desquels ils ne peuvent conserver les bêtes à laine pendant la mauvaise saison, tellement que, par fois, leurs bergeries sont tout-à-coup dépeuplées. Ces primes porteraient plus qu'on ne croit à perfectionner et augmenter notre production de laine, d'autant plus même que, des conditions exigées résulterait d'abord une sûre diminution de mortalité. Il y aurait même ce double avantage qu'on pousserait en même temps à la culture des fourrages, véritable nerf de l'agriculure, et par rapport à quoi nous sommes malheureusement encore très-arriérés en beaucoup de lieux.

Quelques autres espèces de quadrupèdes lanigères telles que les lamas, et de lactifères, comme la gazelle et le renne, seraient peut-être, malgré l'extrême différence des climats, insensiblement habituées au nôtre, surtout dans les localités les plus analogues aux pays dont elles sont originaires. Il en résulterait plus de variété dans nos troupeaux et dans leurs produits ; et certaines d'entr'elles seraient un moyen d'utiliser mieux diverses parties de notre territoire, si elles y devenaient plus convenables que nos propres animaux indigènes. Nous ne devons pas douter que plusieurs d'entre elles ne soient susceptibles d'y être acclimatées, puisque le lion même s'y perpétue dans l'esclavage.

Notre vanité se borne à réunir ces animaux étrangers dans une belle ménagerie, comme pour l'unique satisfaction d'une vaine curiosité, et tout au plus pour des études scientifiques, sans songer qu'il n'en coûterait guère davantage pour nous les approprier profitablement. Placez à moindre frais et hors d'une capitale ceux qu'il serait utile de faire multiplier dans ce royaume ; donnez - leur l'espace, la nourriture et l'abri convenables ; réunissez les sexes, et vous obtiendrez sûrement quelques résultats avantageux, qui excéderont de beaucoup les dépenses.

Est-il bien démontré que le dromadaire et le chameau ne peuvent se reproduire dans nos contrées méridionales ? Des épreuves à cet égard seraient-elles donc si coûteuses? Et devons-nous y renoncer, si ce n'est pas impossible ? Pour le travail, pour le laitage et pour le poil, on sent combien il serait désirable de naturaliser ces animaux chez nous. Mais il faudrait de la liberté, de l'air ; de l'étendue, des parcs enfin où des suppléments de nourriture réuniraient toutes les conditions de réussite que nous pouvons offrir.

Le Roi lui-même devrait donner l'exemple de ces essais d'acclimatation dans les domaines de la Couronne, et bientôt ce deviendrait une mode pour tous les grands propriétaires. D'ailleurs, le zèle des particuliers serait facilement excité par de légères récompenses pour les citoyens

qui auraient pu faire procréer en France de nouvelles espèces d'animaux utiles, et y employer d'habitude au travail
ceux qui y sont propres.

Et comme rien de ce qui tient à l'agriculture ne doit
sembler vil ni méprisable, ne dédaignons pas de des-
cendre jusqu'à ce qui concerne les volatiles mêmes, dont
la naturalisation nous serait avantageuse ou agréable.
Nous citerons en particulier l'Outarde, parmi les galli-
nacées, quelques encouragements de peu de valeur suffiraient; car il en est des animaux comme des plantes,
dont quelques-unes ont la faculté de prospérer égale-
ment dans des pays très-différents. Tels sont le Sassafras,
le Magnolia, et divers noyers de la Louisianne qui,
originaires d'une zône où croissent le coton et l'oranger,
n'en réussissent pas moins dans notre climat plus froid,
et résistent mieux à nos hivers que la plus part de nos
arbres indigènes. L'Araucaria des Cordillères ne supporte-
t-il pas sans en souffrir nullement nos gelées ordinaires ?
Le Camellia ne vient-il pas chez nous, en pleine terre, et
l'Hortensia n'y est-il pas entièrement naturalisé ? Mais
nous nous laisserions insensiblement entraîner à solliciter
quelque chose en faveur de l'importation des végétaux,
notamment des arbres forestiers et des plantes économiques.

Sous ces divers rapports, les consuls de commerce et
les ambassadeurs même devraient s'occuper de tout ce
que les pays où ils sont employés pourraient nous procurer d'animaux et de plantes, dont l'introduction en
France semblerait offrir des chances de naturalisation
et d'utilité.

Les Commandants des vaisseaux de l'état recevraient
de pareilles instructions, et seraient chargés sans frais

du transport des objets, dont le chirurgien de bord aurait la direction et la surveillance, comme plus apte d'après ses études, et plus intéressé comme naturaliste au succès qu'on envie. De faibles gratificatitions et la publicité de ce que l'on devrait à des soins bien entendus comme à un zèle remarquable, feraient parvenir à beaucoup de précieux résultats.

Voici l'aperçu des dépenses que nous proposerions ;

Primes d'encouragement pour l'amélioration des soins des moutons, etc., 1000 fr. par département pendant 5 ans au moins . . . . 86,000 fr.

Id. pour la naturalisation et la reproduction du Lamas et autres lanigères 8,000

Id. des plus belles espèces bovines, celle de Hongrie, etc. 10,000

Id. id. des cochons noirs de Hongrie et des petits cochons de la mer du Sud. . . 3,000

Id. id. du Dromadaire et du Chameau, et leur emploi au travail, six de 1,500 fr., ci. 12,000

Id. id. de Rennes, Gazelles et autres animaux fournissant en quantité notable, du lait pour les besoins de l'homme. 3,000

Id. id. d'Outardes et autres volatiles d'utilité réelle. 1,000

Id. id. d'arbres exotiques de grande dimension, ayant supporté trois de nos hivers en pleine terre 5,000

TOTAL des encouragements pour divers animaux et végétaux . . . . 128,000 fr.

A reporter. . . . . 128,000 fr.

Report d'autre part. . . . . 128,000 fr.

Encouragements pour l'élève des che-
vaux, report. 1,351,500
____

Total des frais du gouvernement. . 1,479,500 fr.

Ainsi, à moins de quinze cent mille francs se rédui-
raient les encouragements très-efficaces que le trésor
royal donnerait pour faire multiplier les chevaux et autres
animaux, ainsi que les plantes utiles dont on pourrait
orner nos campagnes et enrichir la France. Si cela ne
suffisait pas, contre notre sentiment, tout au plus fau-
drait-il y employer seize cent mille francs, en augmen-
tant de 120,500 fr. la somme destinée à des primes de 3.ᵉ
et de 4.ᵉ classes, pour les juments et les étalons des particuliers. Quant au surplus de frais imputable au hausse-
ment du tarif des remontes militaires, sur lequel nous
avons insisté, nous ne le portons pas en compte, parce
qu'il n'est pas bien avéré qu'il serait de quelque importance,
les chevaux étrangers revenant peut-être au moins au
prix que nous demandons pour les nôtres. Au reste, si nos
vues ne paraissent pas de l'importance et de la facilité
d'exécution que nous avons imaginé, sans doute on y
trouvera quelques idées applicables, et du moins les
bonnes intentions d'un bon citoyen.

4

www.ingramcontent.com/pod-product-compliance
Lightning Source LLC
LaVergne TN
LVHW010440060726
842527LV00005B/1601